U0158092

图书在版编目（CIP）数据

家乡的味道 ／ 米莱童书著绘. —北京：农村读物
出版社，2020.1（2020.11重印）
（记忆的宝藏）
ISBN 978-7-5048-5815-3

Ⅰ.①家… Ⅱ.①米… Ⅲ.①饮食-文化-中国-青
少年读物 Ⅳ.①TS971.202-49

中国版本图书馆CIP数据核字（2020）第056461号

记忆的宝藏：家乡的味道
米莱童书 著／绘

中国农业出版社出版
（北京市朝阳区麦子店街18号楼）
（邮政编码 100125）
责任编辑 刁乾超 干锦春
责任校对 吴丽婷

北京缤索印刷有限公司印刷 新华书店北京发行所发行
2020年1月第1版 2020年11月北京第4次印刷

开本：787毫米×1092毫米 1/16 印张：3
字数：40千字
定价：19.90元
（凡本版图书出现印刷、装订错误，请向出版社发行部调换）

作者简介

米莱童书

米莱童书是由国内多位资深童书编辑、插画家组成的原创童书研发平台，2019"中国好书"大奖得主、桂冠童书得主、中国出版"原动力"大奖得主。是中国新闻出版业科技与标准重点实验室（跨领域综合方向）授牌中国青少年科普内容研发与推广基地，曾多次获得省部级嘉奖和国家级动漫产品大奖荣誉。团队致力于对传统童书阅读进行内容与形式的升级迭代，开发一流原创童书作品，使其更加适应当代中国家庭的阅读需求与学习需求。

总 策 划：刘爱芳
总 主 编：闫 捷
联合策划方：易书科技（北京）有限公司
联合策划人：刘润东 魏 诺
编 写 组：刁乾超 王芳芳 全 聪 干锦春 李昕昱
　　　　　唐艺萍 王 鑫
绘 画 组：钱海燕 仲宇满逸 孙振刚 栾 天
　　　　　辛 颖 徐 烨 曹 蕾 张晓卉 贺 雨
美 术 设 计：黄 栗 冯伟佳

田野里的自然历史课

袁隆平题

记忆的宝藏

◆ 家乡的味道 ◆

米莱童书 著/绘

农村读物出版社
中国农业出版社
北京

 序

走进田野，发现文明

"点亮一盏灯，照亮一段传统文化的旅程。"这句话是我读完本套书后最大的感触，也是我为之作序的原因。在我看来，这是一套不可多得的书，是立足当下，照进传统文化与民族记忆的一盏书灯。

首先是烛照传统文化。中华上下五千年，历史的车辙深深地嵌在它碾过的土地上，我们的祖先通过辛勤劳作和富于创造性的头脑，留下了丰富的文化遗产。节日里的神话传说、民间技艺里的奇妙工艺和制作原理、传统游戏中的童真乐趣、故乡变迁的日新月异，以及在"民以食为天"理念下不同地域的饮食文化，都是民族独特的积淀和历史印记。

然而，随着全球化的进一步加剧和西方文化的冲击，对于现在的孩子来说，熟悉漫威超人胜过刑天与夸父；吃肯德基的次数超过传统节日食物是再自然不过的事，甚至很多大人也不了解传统节日里有哪些节俗，传统节日应当怎么过。而这套书以儿童的视角去找寻和追溯传统文化，是当下每个孩子都需要的一份独特传统文化阅读体验。

其次是烛照民族记忆。民族记忆不仅是我们对过去历史的简单记录，更是一种沉淀在整个民族中的集体意识。当历史成为一个民族的记忆之后，对人的影响是长远的，这种民族记忆可以凝聚为一种力量，让身在其中的人获得很大的安全感。在生活节奏越来越快、人们思想越来越多元化的今天，民族记忆不但不应该被淡化，反而更加需要突出和强调。而这套书正好以小见大，以一个个具体的微观故事将宏观的民族记忆点串联起来，引导小读者们去探索、去求知，在了解古人诸多智慧的同时，也体悟蕴含在他们身上生生不息的优秀品质。

最后是映照童心童趣。当前市面上关于传统文化的书，一大部分都是"文化"有余而趣味不足，过多重视知识，故事性和可读性都比较弱，再加上现在的孩子对书本里涉及的传统文化知识比较陌生，很难引起他们的兴趣；而另一些趣味性比较强的绘本，大多是把某一个知识点拆分开，编织成一个故事，造成逻辑关系不够清晰、整体架构不够完善的缺点。

和市面上其他讲解中华文明的书相较，这套书最大的不同是讲解采用局部图、知识卡片、对话框与全图相结合的形式，以主人公的体验为线索，带领读者走进传统文化中生动有趣的一隅。除了丰富的内容外，还有情节有趣的小故事，活泼好玩的小对话，让孩子在获取知识之余，能跟随故事主人公的脚步进入情节中，来一场有趣的传统文化寻根之旅。

"走了那么远，我们去寻找一盏灯"，诗人顾城在《我们去寻找一盏灯》里这样写着，每个人的成长又何尝不是一段借光前行的旅程呢？我有幸看到了这盏书灯，并将它推荐给小读者，也唯愿读到这套书的你，能擎着这盏小小的书灯，在传统文化和民族记忆的长河里采珍撷贝，并唤醒其中所蕴藏的伟大与神奇。

袁隆平

2019 年 1 月 1 日

我想，你一定认识我们的朵老师。

　　她扎着平常的马尾辫，穿着平常的衣服，戴着平常的眼镜，不过，你要是因此认为她是位平常的老师，那绝对大错特错。藏在朵老师平常外表下的"脑洞"，可真是大得出奇呢！

下周的班会课主题为"帮朵老师找回味觉"。

朵老师又来了。

我相信，这一定又是朵老师想出的新作业。

因此，当前两天下午放学，她对我们宣布"我的味觉离家出走了"时，我们一点儿也不感到惊讶。

美食烹饪？还要带上不同地方的特色。看来，要把朵老师的味觉"诱惑"回来，可真不是件容易的事。

放学路上，我们为选哪个地方的特色美食各抒己见。

因为谁也说服不了谁，大家一致决定，就选自己最喜欢的地方美食作为班会课的烹饪内容。

一想到辣得上火、却好吃得上瘾的川味美食，我的口水就流了下来。

去年暑假，我跟老爸老妈一起去西安旅行，西安的美食最有地方特色了。

外婆是上海人，我可以跟着外婆学做生煎包。

杂粮煎饼

　　在我们家里，我最爱吃辣，爸爸最爱吃麻，于是被称为"菜当三分粮，辣椒当衣裳"的川菜，就成了我们共同的心头好。

　　不仅是我和爸爸喜欢川菜的口感，它也受很多人的欢迎。川菜是中国传统的八大菜系之一，以麻、辣、鲜、香的特色为人称道，是中国料理的集大成者。

　　川菜中富于代表性的美食有很多，如鱼香肉丝、宫保鸡丁、水煮鱼、夫妻肺片、辣子鸡丁等。

猜猜看，我们家的餐桌上，有哪些川菜呢？

鱼香肉丝

鱼香肉丝是川渝人餐桌上的家常菜，由肥三瘦七的肉丝加上冬笋丝、黑木耳丝等，用烧鱼的配料炒成，所以鱼香肉丝里并没有鱼哟。

四川火锅

火锅除了指一种独特的美食，还指一种炊具。它最初是由一种瓦罐盛汤，将各种蔬菜、肉类放在一起煮成的食物。在有"菜当三分粮，辣椒当衣裳"风气的川渝，人们还会在火锅里加大量辣椒、花椒等调料，使它形成"厚味重辣"的特色。

夫妻肺片

夫妻肺片是一种用成本低廉的牛内脏制作而成的成都名菜。牛舌、牛肚等经加工、卤煮后，切成片，佐以酱油、红油、辣椒、花椒面等食用。不过，夫妻肺片的原材料中，偏偏没有牛肺，它最初叫作"夫妻废片"。

宫保鸡丁

宫保鸡丁由主要食材鸡胸肉辅以花生米、黄瓜、辣椒等烹饪而成。它最大的特色是红而不辣、香味浓郁。宫保鸡丁是四川十大经典名菜之一。

水煮鱼

水煮鱼是用新鲜活鱼配上辣椒、麻椒等作料，在清水中煮开而成的一道菜。烹煮出来的鱼肉既去除了腥味，又保持了口感的鲜嫩，"麻上头，辣过瘾"的水煮鱼，在全国各地都负有盛名。

龙抄手、担担面、三大炮、钟水饺……这些成都小吃不仅好吃到让人回味，它们的名字还大有深意呢！

龙抄手

龙抄手，可不是一个姓龙的人发明的抄手。成都的抄手，其实就是北方的馄饨，不过在传说中，它是厨师模仿皇帝背着手站在窗前的姿势做出来的。

担担面

担担面，是一种由小贩挑在担子上，走街串巷去售卖的面食。小贩们一副担子挑两头，一头是一锅热水，另一头是面条、佐料、碗筷以及一桶洗碗用的清水。虽然只是简单的面条和臊子的组合，但是在川地美食家的手中，也做出了别样的风味。

钟水饺

都说"好吃不过饺子"，在成都，这句话应该是"好吃不过钟水饺"。钟水饺得名于一名姓钟的小贩，它的独特之处在于全用猪肉做馅，不加蔬菜，煮熟后再淋上加了蒜蓉和红糖等调味料的特制红油，在诸多饺子中别具风味。

钵钵鸡

钵钵鸡里到底有没有鸡？这大概是所有人第一次吃钵钵鸡时产生的最大疑惑了。这道美食之所以叫钵钵鸡，是因为盛放食材的器具为"钵"。钵钵鸡里不一定有鸡，但它一定有你爱吃的各种串串。

三大炮

"三大炮"食如其名，是一种表演型的美食。一张木板上摆12个铜盘，木板下面放着一口热气腾腾的大铁锅，里面装着煮好的糯米饭，用木槌舂茸成糍粑，一个身强力壮的汉子从锅里抓出一把糯米糍粑，分三坨丢出，"碰、碰、碰"三响过后，再浇上红糖浆，撒上芝麻，"三大炮"红糖糍粑就做成了。

爸爸告诉我，因为美食够多，所以四川的大排档"冷啖杯"也很出名。

"啖"是吃的意思，那么"冷啖杯"就是吃冷菜了。在四川，每到黄昏时分，饮食店和美食摊就把生意做到街上，人们找块宽阔的地方，围坐一个圈儿，端来几盘卤猪蹄、小龙虾之类的下酒菜，喝着啤酒，聊些家长里短的闲话。

辣椒最早产自北美洲墨西哥地区，早在公元前 5000 年，玛雅人就开始吃辣椒了。

这是因为四川省在盆地内，气候潮湿，吃辣容易发汗，冬季还可以抗寒。不过，辣椒进入川菜，时间也不是很久哟！

辣椒怎样成为四川人的桌上宾?

15 世纪，哥伦布发现了新大陆，在印第安人那里第一次见到辣椒，并带回西班牙。

明朝末年（17 世纪），辣椒沿着丝绸之路和南边的马六甲海峡，一南一北传入中国。不过辣椒最初传入中国时，被当作花卉来种植。

传统的川菜中没有辣椒。在辣椒传入四川之前，川菜中的辛香调料主要有花椒、茱萸、生姜等。

清代康熙年间，随着"湖广填四川"的移民风潮，辣椒被正式认定为调料和蔬菜，开始在人们的餐桌上亮相。

小吃好好吃，可是好辣!

萌萌自诩为我们班的"美食达人"，不过，"达人"与否另说，只要看他圆滚滚的肚子，就知道他一定是名副其实的大胃王了。

　　所以，这位大胃王热爱西安的美食，我一点儿也不觉得意外。

凉皮

饸饹

羊肉泡馍

甑糕

肉夹馍

甑糕、肉夹馍、饸饹、羊肉泡馍、凉皮……

西安有什么好吃的？

鼓楼　钟楼

正宗
陕西凉皮
老字号

羊肉泡馍

羊杂汤

古井

面

可口可乐

坊兴永

老字号

爸爸告诉我，西安处在"八百里秦川"的关中平原上，那儿的主要粮食作物是小麦，因此，他们的特色美食以面食为主。

爸爸还说，西安少有精雕细琢的名菜，但他们可以用面"变"出各种特色美食，而且绝对管饱。

西安美食日志

在西安游玩的时候，萌萌做了一份超级详细的美食笔记。

西安的必尝小吃

肉丸胡辣汤

肉丸胡辣汤是在牛骨汤中加入肉丸、土豆和卷心菜熬成的，和河南胡辣汤不同的是，西安的胡辣汤更突出"麻辣"的味道。

羊肉泡馍

羊肉泡馍其实是煮出来的，把馍掰成指甲盖大小的馍粒，再交由后厨加上羊肉、粉丝、木耳、黄花等配料，经过旺火煮成。

甑糕

甑糕是由红色的芸豆、褐色的蜜枣和软软的糯米做成的糕点，是西安人早餐桌上的常客。

凉皮

一碗凉皮里，有老醋的酸爽、红椒的鲜辣、黄瓜的清爽，还有面皮的筋道。

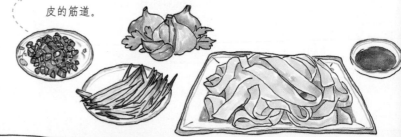

西安的必吃面食

腊汁肉夹馍

腊汁肉与白吉馍的组合，能给人带来馍香肉酥的味觉体验，制作腊汁肉夹馍应选肥瘦相间的肉。

𰻝𰻝面

面条超级宽的大碗面，如果你能一口气写出这个面的名字，老板可能会免单哟！

biáng

麻食

一种形状很像贝壳的面食，用烩或者炒的方法做成。麻食在不同地方有不同的称呼，"猫耳朵""米筛爬""手撒面""捻面卷""空心面"说的都是它。

荞面饸饹

用新鲜的荞麦现场压煮而成的美食，酥烂的羊肉臊子，是这种食物的美味秘诀。

油泼面

最大特征就是"油香""辣香""面香"，它是陕西常见的面食之一。

岐山臊子面

岐山臊子面的美味要领是，面条一定得是手擀面，配料则要酸辣适中，浇头要丰富，有肉丁也有菜丁。

原来西安有这么多好吃的呀！
我带着萌萌的美食笔记跑了出
去，想要把这个巨大的发现告诉大
飞。因为大飞最喜欢的事之一，就
是"呼噜呼噜"地吃完一大碗面条。

大飞不在家里，我和萌萌在他的桌上看到了一本《北京美食之旅》。

爸爸说过，全国八大菜系分别是鲁菜、粤菜、川菜、苏菜、闽菜、浙菜、湘菜和徽菜。

美食江湖里，有北京菜的席位吗？

中国地域辽阔，不同地方种植的农作物、饲养的畜禽种类不尽相同，再加上气候和历史文化等原因，便产生了形色各异的美食。

"菜系"这个说法，是20世纪60年代国家领导人向外宾介绍中国饮食风味时才出现的。

北京美食有哪些？

炸酱面

爆肚

奶油炸糕

炒肝

豆汁

我和萌萌拿起《北京美食之旅》，兴致勃勃地看了起来。

书里说，别看北京菜不在八大菜系之中，可北京菜里的烤鸭和铜锅涮肉、京酱肉丝、冰糖肘子、粉蒸肉等，都跟北京一样名声在外。

北京是一座人口聚集的大城市，来自天南地北的人，带着各自的生活习惯和饮食习惯，融合出一种北京独有的口味。

京酱肉丝

罗汉大虾

焦圈

卤煮火烧

事实上，闻名全国的北京烤鸭，最初是架在小饭馆砖炉上的烧鸭子。

明太祖朱元璋建都应天（今南京）后，明宫御厨改用炭火烘烤鸭子，鸭子熟后满口酥香，肥而不腻，受到人们称赞，被命名为"烤鸭"。

明成祖朱棣将首都从应天（今南京）迁往北京时，将烤鸭也一并带到了北京，使它变成了一道著名的宫廷御膳。

老北京的另一道美食——铜锅涮肉，跟元朝皇帝元世祖忽必烈有关。有一年冬天，部队突然要开拔，但忽必烈饥肠辘辘，一定要吃羊肉，聪明的厨师情急之中将羊肉切成薄片，放入开水锅中烫熟，捞出后蘸上调料，没想到忽必烈吃后赞不绝口，还给它起名叫"涮羊肉"，使它作为一道宫廷美食流传下来。

有荤有素的炸酱面，热气腾腾的涮羊肉，这些街巷菜品，轻轻松松笼络了老北京人的胃。不过，以宫廷菜为代表的美味珍馐，则代表了京城美食的另一种气象。

想想看，除了皇城脚下的北京，还能在哪里吃到以滋补为生命，以排场为灵魂的"满汉全席"呢？

满汉全席是清代宫廷中一种规格比较高的国宴。清代国宴，一般分为"满席"和"汉席"两部分，满席分六等，汉席分五等。康熙皇帝南巡时，为了消除满族和汉族官员之间的隔阂，也为了满席和汉席厨师能够相互切磋，便设了这集宫廷满席与汉席之精华于一席的宴席，后来满汉全席就成了中华美食的微观缩影和代名词。

满汉全席是清朝贵族的一种宴席选择，挑担推车、沿街叫卖的"碰头食"，则是大多数贫穷百姓生活中的小吃了。

驴打滚儿、艾窝窝、开口笑、蜜三刀……每一个食物名字后面，都是一种富有特色的民间小吃。

驴打滚儿是怎么来的？

相传，慈禧太后吃腻了宫中食物，想要吃点不一样的美食。御厨创出一道用糯米做的糕点，刚做好，一位名叫"小驴儿"的太监就赶忙过来端走，哪知一不小心将糕点倒在黄豆粉里，重新再做可来不及了，只好硬着头皮端上去。没想到慈禧太后竟然大赞味道好，问名字，御厨灵机一动说叫"驴打滚儿"。这道小吃从此名声大噪。

我们沉浸在《北京美食之旅》中，连文文走到了身后都没有发现。

"哇哦，你们在这里！"

文文突然出现，吓了我一跳。原来，她今天准备了好多广州茶点，想要跟我们分享呢。

哈，好久不见！

哇哦，你们在这里！

我想，大飞的房子可能存在某种神秘的召唤力。

水晶虾饺、榴莲酥、蟹籽烧卖、萝卜糕、叉烧……哇，广州茶点的种类好多呀！

叩茶礼

在广州，当主人为客人斟茶的时候，客人会用食指和中指轻叩桌面，以表谢意，这就是传说中的"叩茶礼"。

粤式早茶

广州人的一天，是从早茶开始的。清晨，茶楼还未开始营业，人们已经不约而同地守在了楼门口。开门后，人们三五成群地选定位子，服务生则忙着倒水沏茶。随后，一辆辆载着小笼屉的茶点车就过来了。食客们可以把茶点车截停，取走自己想要的糕点。

虾饺

　　虾饺始创于 20 世纪初的广州，它凭借独特的造型、鲜美的味道以及丰富的馅料深受广大食客的喜爱。

酱蒸凤爪

　　在广东的茶楼里，凤爪是一道必点的名菜。凤爪的原料是鸡爪，口感酥软又有嚼劲。

干蒸烧卖

　　干蒸烧卖是以半肥的瘦猪肉、虾仁、云吞皮和鸡蛋为主要原料的传统名点，凭借美味的口感，成为岭南茶楼、酒家茶市的必备点心。

叉烧包

　　叉烧包和蛋挞、干蒸烧卖、虾饺一起被誉为粤式早茶的"四大天王"，它实际上是一种带有叉烧肉馅的开花馒头。

肠粉

　　肠粉是一种形似猪肠的米制品，也被叫作拉粉、卷粉、猪肠粉，是广东最普遍的早餐之一。

蛋挞

　　蛋挞是一种以蛋浆为馅料的西式馅饼。做法是把饼皮放进小圆盆状的饼模后，倒入由砂糖及鸡蛋混合而成的蛋浆，然后放入烤炉烤制而成。

广州的茶点种类非常多，可按照干湿和咸甜分类，据说有上千种呢！

得心斋

石磨腸粉

茶博

深井烧鹅

皇上皇腊味

　　茶点是广州的一道美食招牌，烧腊则是另一道美食招牌。
　　广式烧腊缘起北方的烧烤，唐宋时期，印度的灌肠食品传到广州后，广州厨师们将灌肠制作法和本地腌制肉食的方法融合，用"烧""腊""卤"这三种方式做出独有的烧腊。
　　烧鹅、白切鸡和叉烧是广东人餐桌上的"烧腊三宝"。

● 烧腊里的"烧"

烧腊里的"烧"跟"烤"是一个意思，一般先用秘制的酱汁将鹅、乳猪等腌一段时间，再放到炉里烤。

● 烧腊里的"腊"

"腊"是干肉的意思，烧腊里常见的腊味食品有腊肠、腊肉、肉脯、腊鸡腿、腊乳猪、腊大鱼柳等。

● 烧腊里的"卤"

"卤"是一种将香料、酱油等调料熬成浓汁，再煮制食物的方法。全国各地都有卤菜，但最闻名的当属以卤水鹅为代表的广州卤味。

文文还说，广东的美食，是按照一年四季的顺序来排列的。

在广东，入春的时候，家里的厨娘们就开始大展身手，精心煲制"老火靓汤"滋补身体；夏季则有糖水和甜品来降温祛火；秋天是广东人食腊味的好时候，这时煲仔饭也开始登场了；到了冬天，从盆菜到牛肉火锅，无一不在诱惑人们的味蕾。

老火靓汤
食材：肉类、红枣、
　　　人参、川贝
用具：砂锅

在广东人的心中，"汤"就相当于"家"的代名词。传统的老火靓汤，需要用肉类食料带出浓郁的汤汁，再辅以红枣、人参、川贝等材料，用砂锅文火慢炖好几个小时，既熬出美味，也炖出养生。

广东糖水也叫作广式糖水，是将一些下火的食材加水和糖一起煮成的甜品。"糖水"是这类甜品的总称。常见的糖水有红豆沙、莲子糖水、杨枝甘露等。

糖水甜品
食材：红豆、莲子、
红枣等
用具：砂锅

在广东地区，砂锅又被叫作"煲仔"，因此，"煲仔饭"就是用砂锅煮出来的饭。广东人制作煲仔饭，一般选用精制大米，配上独有的、香香的腊肉和浓浓的酱汁，做好的煲仔饭，锅底可以扒出微焦的锅巴，嚼起来嘎嘣作响。

腊味煲仔饭

食材：丝苗米、腊味、排骨、
　　　鸡、牛肉、青菜、酱油
用具：砂锅

和川渝地区以辣闻名的火锅不同，潮汕火锅在最大程度上保留了食材原来的味道。在吃火锅之前，喝一碗用牛大骨熬制的牛肉清汤，是喜食牛肉火锅的人之间的默契。

潮汕火锅

食材：牛肉等肉类、
　　　蔬菜、菌类等
用具：火锅

糖
水

品尝过北京的特色美食，又吃过文文带来的广东茶点，现在，我对丹丹带来的上海美食充满了好奇。

在去丹丹家的路上，我好像已经闻到了生煎包的香味。

在上海，包子又被叫作馒头，因此，生煎包也被叫作生煎馒头，是上海本地的一种特色小吃。生煎包以鲜猪肉加皮冻为馅，外形和普通的包子一样，但和普通的包子不同的是，生煎包是煎熟的。

丹丹告诉我，她的外婆是个"老上海"，所以她家的餐桌上不仅有生煎包这类上海小吃，还有"重油""重色""重火功"的本帮菜，传说中的"黑暗料理"也是外婆的拿手绝活儿呢！

上海菜可不是一种菜系，而是各地菜系的融合。

想吃什么，尽管放马过来。

就像北京菜一样吗？

和北京菜一样，上海人餐桌上的美食，也来自全国各地的菜系。走南闯北的徽州商人在上海做生意的时候，把家乡的徽菜带到了上海；清鲜爽口的粤菜和淮扬菜也随着从事海上贸易的商人在上海安了家。

上海本地人汲取了各地菜品独特的风格后，发展出一种以红烧、蒸、煨为主，以"浓油赤酱"调制的菜品，上海本地人将这种菜叫作"本帮菜"。

区德兴馆

百年老店创建于一八七八年光绪年间

Cola

上海凤

阁记美食

上海

在上海，吃地道的上海菜有本帮菜，在大商场和购物中心的西餐厅里可以尝到各式西餐；深夜里，还有散布在小弄堂里，经营到很晚的"黑暗料理"系列夜宵……看来，上海美食也是一部魔幻的奏鸣曲呀！

创建于1878年的德兴馆，是上海本帮菜的鼻祖之一，想要吃老上海的本帮菜，这里是不二之选。德兴馆的招牌本帮菜有哪些呢？

佛手肚膛

红烧鮰鱼

锅烧河鳗

油酱毛蟹

响油鳝糊

红烧划水

黄焖栗子鸡

油爆河虾

上海美食

这一天里,我先后研究了解了成都、北京、西安、上海和广东美食,还品尝了老北京的小吃,广东茶点和上海本帮菜。

朵老师的味觉能不能找回来这个问题,我们都不知道,但可以确定的是,因为吃了太多东西,这天晚上,我们都闹起了肚子。

我觉得我的味觉也离家出走了……

看来,拯救朵老师味觉这件事,要落到我的头上了。

事实证明,茶点虽然好吃,但也不能多吃……

"黑暗料理"果然"有毒"。

我们班的烹饪课

由于烹饪课十分成功，朵老师决定，让我们继续搜寻全国各地的美食，学习简单的做法，下一次的学校开放日要邀请我们的爸爸妈妈，请他们品尝我们做的美食。

要是把地图上的食物都吃一遍的话，朵老师一定会胖的。